紅葉
ハンドブック

林 将之 著

文一総合出版

凡例

科名と葉序
ページ内に掲載した樹木の科名を表示し、カッコ内に葉のつき方（葉序）を記した。掲載順は新エングラーの分類体系に従った。

紅葉色マーク

日当たりのよい場所に生えた成木が紅葉する色を、筆者の主観で赤、橙、黄の3色各3段階（大丸・小丸・なし）で表した。他種との違いが分かるように、なるべく色の差を強調した。

例）●●● ふつう赤や橙、時に（部分的に）黄。

●● ふつう黄、時に（部分的に）橙。赤はほとんど見られない。

和名

写真
原則として紅葉期の写真を掲載し、撮影地名とその標高（カッコ内）、撮影時期（月と上旬・中旬・下旬）を記した。

葉スキャン画像
紅葉した葉を直接スキャナーで取り込んだスキャン画像を掲載。縮小率を％で記した。

漢字名や学名
漢字名と主な別名、学名を記した。※学名や和名は広義の種名を用い、原則として種より下の分類群は省いた。学名は主に『Flora of Japan』（講談社）に従った。

解説文
紅葉の特徴を中心に解説。分 には分布域や植栽利用、高 には樹高、類 には類似種を記した。

類似種の紹介

用語解説

分類階級
植物の分類には、上から界、門、綱、目、科、属、種などの階級があり、種の下には亜種、変種、品種、園芸品種（栽培品種）がある。本書では種名のほかに、ページ上部に科名を、目次に目名を記した。

樹高や樹齢による区分
花をよくつける大人の木を成木、幼くて小さい木を幼木、その中間を若木という。高木は成木時にふつう樹高8m以上に達するもの。同様に小高木は3〜8m、低木は3m未満。

鋸歯 ふちのギザギザ。

葉脈／側脈／主脈

小葉／葉柄

単葉　羽状複葉

裂片

単葉（分裂葉）

互生 葉が交互に1枚ずつつくこと。

対生 葉が2枚ずつ対につくこと。

紅葉のしくみ

　紅葉とは、落葉に先立って葉が色づくことである。より狭い意味では、赤や橙に色づくことを紅葉と呼び、黄色くなることを黄葉（黄葉）と呼ぶ。また、褐色になる（のが早い）ことを褐葉と呼ぶこともある。しかし現実には、これら3語を厳密に使い分けるのは困難な場合が多いので、本書ではすべてまとめて「紅葉」と表現している。

紅葉の流れのイメージ

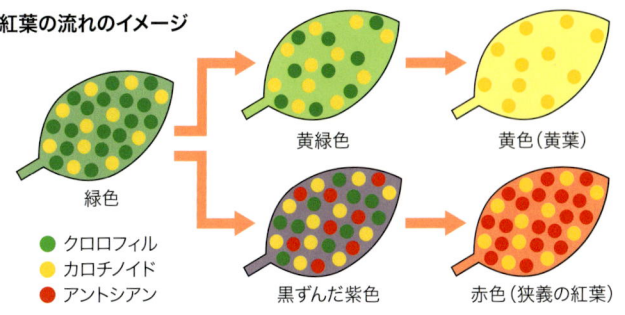

　樹木の葉は、クロロフィル（葉緑素）という緑色の色素と、カロチノイドという黄色い色素をもっているが、クロロフィルの量がずっと多いので、ふだんは緑色に見える。秋が深まると、クロロフィルが先に分解されてカロチノイドが残るため、葉が黄色く見える。これが黄葉である。落葉樹の大半は、多少なりとも黄葉すると思ってよい。

　一方、秋になると葉を落とす準備のため、葉柄と枝の境に離層と呼ばれる層ができる。すると、光合成でつくられた糖分などの移動が妨げられて葉に蓄積し、アントシアンという赤色の色素に変化することがある。これが狭義の紅葉である。アントシアンの生成には日光が関係しており、日当たりがよい葉ほど赤くなり、日陰の葉は黄色くなる現象が見られる（p.67 ヤマボウシ参照）。また、多くの場合はクロロフィルが分解されきる前にアントシアンができ始めるので、その過程で紫色っぽく見えることが多い。

　褐葉と呼ばれるのは、アントシアンの代わりにタンニン系の物質ができて褐色になる現象で、はじめに黄色くなって（黄葉）から褐色を帯びることが多く、その過程で橙色っぽく見えることもある（p.18 ブナ参照）。

　どの樹種が何色に紅葉するかはおおよそ決まっているが、生育条件やその年の天候、樹齢による変化も多く、カツラやコナラのように、成木の紅葉は黄色だが幼木では赤くなる樹種も少なくない。実際には、緑、黄、赤、褐色の色素がさまざまな割合で葉に含まれ、時間の経過とともに変化するので、多種多様な色が見られるのである。

紅葉の条件と日本の紅葉

　美しい紅葉に必要な条件は、温度、光、湿度の主に3つである。一般に、最低気温が8℃以下になると紅葉が始まり、5〜6℃になると一気に進むといわれ、昼は晴れて気温が上がり、夜に急に冷え込むとよく色づく。乾燥しすぎると葉が枯れてしまうので、適度な湿度も必要である。これらの条件を満たす高山や渓谷の紅葉は美しく、逆に都市部は、気温が高い上に大気汚染や街灯の影響もあって色づきが悪い。また、台風による傷や近年の温暖化も紅葉に影響する。日本の紅葉は、9月中旬に北海道の大雪山（だいせつざん）や日本アルプスなどの高山から始まり、徐々に南下し、低地へと移る。以下に、気候帯ごとの紅葉の特徴と代表的な樹種を示す。

カエデの紅葉日の等期日線図
(1981-2010年 平年値)

気象庁資料より作成

1. 高山の紅葉（亜高山帯、亜寒帯）

北海道・大雪山

　いわゆる高山植物のお花畑や、ハイマツ、オオシラビソなどの常緑針葉樹林が広がる地域。気温差が大きくて紫外線が強いため、紅葉は非常に鮮やかで、ササ類や針葉樹の緑色が交じった美しい風景が見られる。樹種構成は単調で、代表種は赤系がウラジロナナカマド、ナナカマド、タカネザクラ、オガラバナ、ミヤマナラ、矮性低木（わいせい）のクロマメノキ、チングルマなど、黄系はダケカンバ、ミネカエデなど。北海道では主に標高500m以上の山々で見られるが、本州では日本アルプスや奥羽山脈など、概ね標高1500m以上の山岳地帯に限られ、西日本ではほとんど見られない。

2. 山地の紅葉（山地帯、冷温帯）

秋田県・田沢湖

　ブナ、ミズナラを中心とした落葉広葉樹林（夏緑樹林）が広がる地域。樹種が豊富で、紅葉は色とりどりで美しく、名所も多い。代表種は、赤系がカエデ類（ハウチワカエデ、コハウチワカエデ、オオイタヤメイゲツ、オオモミジ、ヤマモミジ、コミネカエデ、ウリハダカエデなど）、ヤマウルシ、ツタウルシ、ナナカマド、サラサドウダン、ムシカリ、ヤマブドウなど、黄系は個体数の多いブナ、ミズナラ、カラマツ（植林が多い）をはじめ、カツラ、イタヤカエデ、チドリノキ、シラカバ、コシアブラ、クロモジなど。北海道〜九州まで、冬は雪が積もるような寒い地方に広く見られる。

3. 低地の紅葉（低地帯、暖温帯）

大阪府・箕面山

　カシ類、シイ類を中心とした常緑広葉樹林（照葉樹林）が広がる地域。実際にはコナラなどの落葉樹も多く混在している。気温差が小さく、鮮やかに紅葉する樹木は限られるが、常緑樹の緑色との対比が美しい。代表種は、赤系がイロハモミジ、オオモミジ、ハゼノキ、ヤマハゼ、ケヤキ、ヤマザクラ、ニシキギ、ツツジ類、ツタなど、黄系はクヌギ、コナラ、エノキ、ムクノキ、アカメガシワ、イヌビワなど。観光地や都市部は植栽された木が多く、上記以外に赤系はドウダンツツジ、トウカエデ、ハナミズキ、ナンキンハゼ、黄系はイチョウが代表的。関東以西の暖地に広く見られる。

赤色の葉一覧表

各樹種の代表的な紅葉の色を掲載しました（一部割愛したものもあります）。一覧表の配列は、概ね単葉→複葉、切れ込みなし→あり、鋸歯あり→なしの順になっています。

橙色の葉一覧表

黄色の葉一覧表 (1)

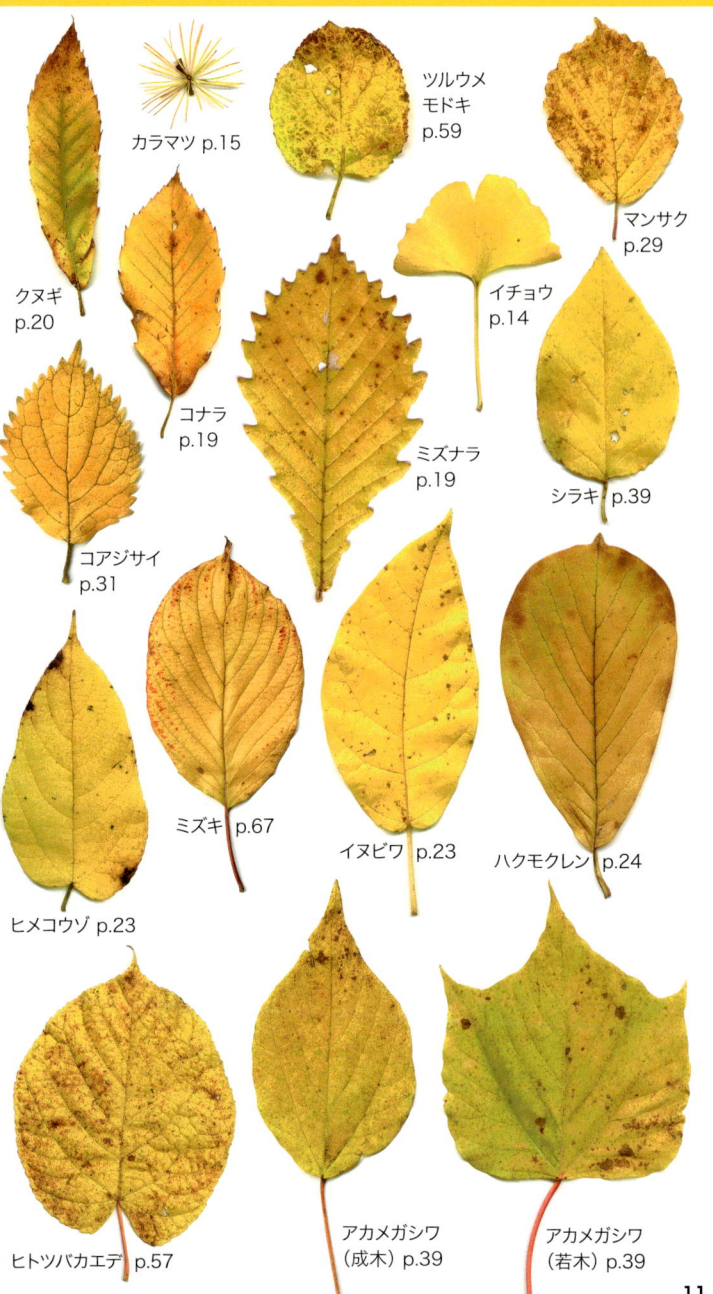

黄色の葉一覧表 (2)

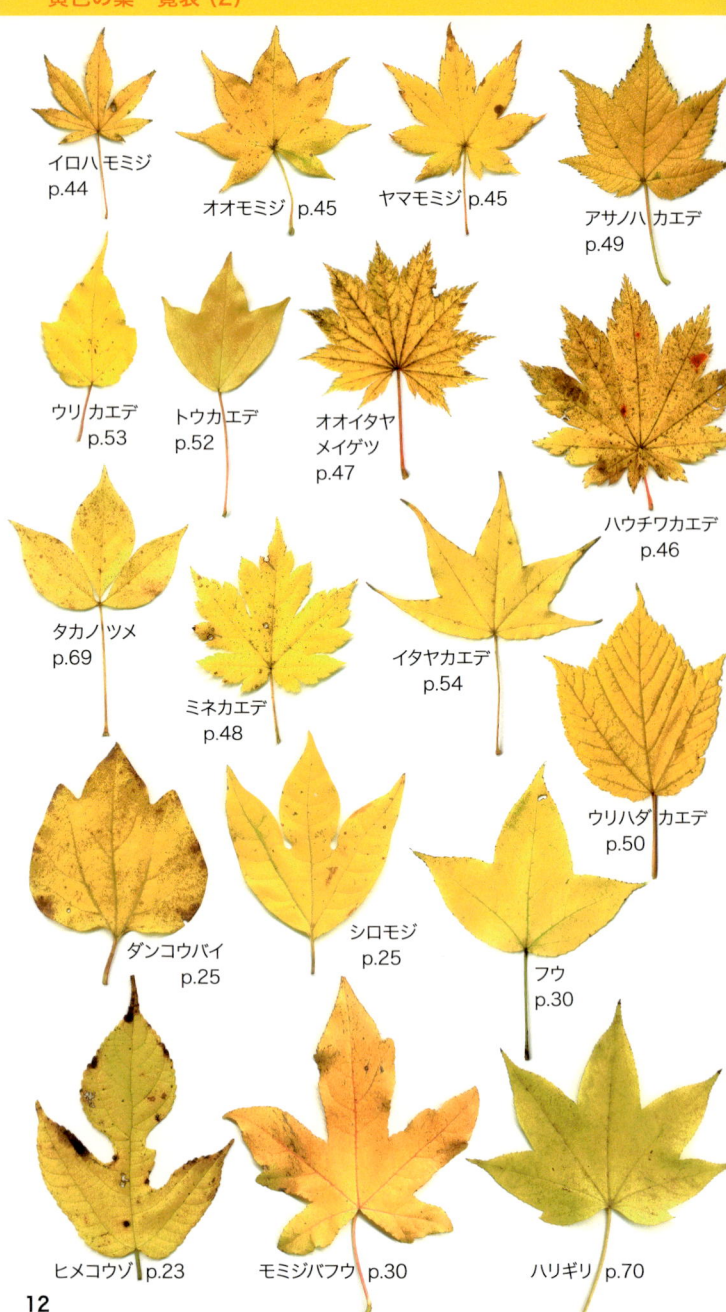

イチョウ科（互生）・**スギ科**（対生）

イチョウ 🟡

銀杏、公孫樹　イチョウ科　*Ginkgo biloba*

言わずと知れた「黄葉」の名木。鮮やかな黄色に染まり、当たり外れも少ない。イロハモミジより多少早く紅葉の盛りを迎える。分 中国原産で各地に植えられる。高 高木。

東京都植栽（20m）12月上

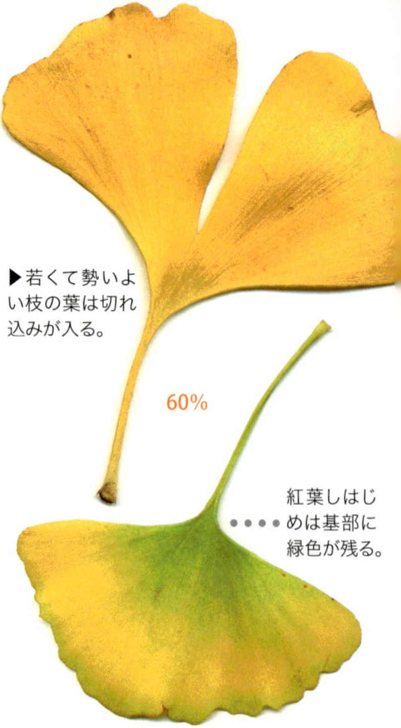

▶若くて勢いよい枝の葉は切れ込みが入る。

60%

紅葉しはじめは基部に緑色が残る。

メタセコイア 🟠🟡

別名アケボノスギ　スギ科
Metasequoia glyptostroboides

褐色気味の淡い橙色に紅葉し、時間が経つにつれてレンガ色〜赤茶色へと色が濃くなる。分 中国原産。公園樹や街路樹。高 高木。類 よく似たラクウショウの紅葉も同様。

福岡県植栽（20m）11月下

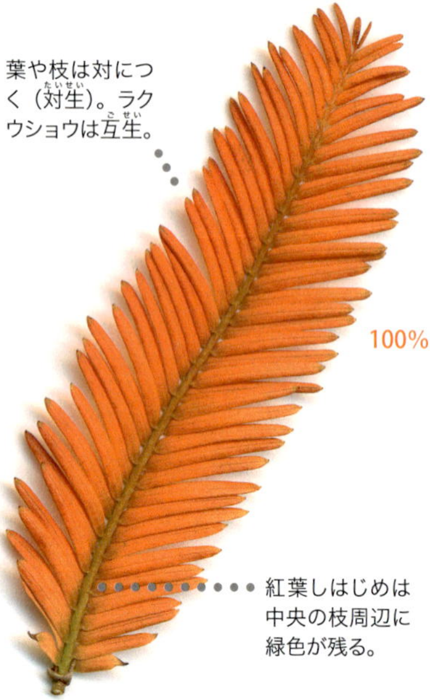

葉や枝は対につく（対生）。ラクウショウは互生。

100%

紅葉しはじめは中央の枝周辺に緑色が残る。

カラマツ ●●

マツ科（互生）
唐松、落葉松　別名フジマツ
Larix kaempferi

山梨県植林（950m）11月上

日本産針葉樹の中で唯一の落葉樹で、北国に多く植林されており、秋には一斉に黄色く染まってよく目立つ。寒冷な地方で黄色い針葉樹の群生を見かけたら、まずカラマツと思ってよい。紅葉期は比較的遅く、黄色からくすんだ黄土色へと色が濃くなり、落ち着いた美しさがある。落葉後は、細い葉が樹下一面に降り積もる。🟠分 本来の分布域は本州中部の山岳地帯だが、北海道〜中部地方の山地を中心に広く植林され、特に北海道、長野県、岩手県、群馬県の周辺に多い。🟠高 高木。樹高20〜30mになる。

ごく短い枝（短枝）に多数の葉が束になってつく。

☆紅葉が進んだ葉は脱落しやすく、手に取るとポロポロ落ちる。

100%

紅葉しない落葉樹

落葉樹の中には、ほとんど紅葉せずに茶色くなったり、緑色のまま落葉するものもある。左写真のヤシャブシや、ヤマハンノキ、ミヤマハンノキ（以上、カバノキ科）、オオバヤナギ（ヤナギ科）、オオバアサガラ（エゴノキ科）などがそう。

30%

ヤナギ科・カバノキ科（互生）

セイヨウハコヤナギ 🟡

西洋箱柳　ヤナギ科　*Populus nigra*
別名イタリアポプラ、クロヤマナラシ

のっぽで細長い樹形のものがよく植えられており、鮮やかな黄色に紅葉する。一般に「ポプラ」と呼ばれる。分 ユーラシア原産。公園樹。高 高木。

神奈川県植栽（150m）11月下

☆葉は三角形〜菱形。若い枝の葉は、この2倍ぐらいの大きさになることも多い。

80%

アカシデ 🟠🟠🟡

赤四手　カバノキ科　*Carpinus laxiflora*

若葉が赤いことが名の由来というが、紅葉も橙〜赤色で美しい。特に日当たりがよい葉は色づきがよい。分 北海道〜九州の山地や低地。時に公園樹や庭木、盆栽。高 高木。

東京都目黒区（20m）12月上

▼条件がよいとまっ赤になる。

葉先が伸びる。イヌシデは伸びない。

80%

▼日陰の葉は黄色くなる。

☆アカシデはシデ類の中で最も紅葉が鮮やか。イヌシデはふつう黄〜橙色、クマシデは黄色に紅葉する。

カバノキ科（互生）

ダケカンバ 🟡

岳樺
Betula ermanii

北海道大雪山（1300m）9月下

寒冷な山地や、高山の森林限界付近によく見られる木で、ナナカマドやミネカエデとともに秋の高山風景を彩る代表的な存在である。紅葉はきれいな黄色で、明るいクリーム色の幹と相まって美しい。ただし、褐色になり始めるのが早く、まっ黄色な落ち葉はなかなか拾えない。分 北海道〜中部地方・四国の高山や山地。高 高木。樹高10〜20m。類 本種と同じカバノキ科カバノキ属のシラカバ、ウダイカンバ、オノオレカンバ、ネコシデ、ミズメ（別名アズサ）なども、同様に黄色く紅葉する。

☆ダケカンバは葉がやや長く、側脈は7〜12対。シラカバは5〜8対。

落ち葉はすぐに褐色になり始める。

◀ダケカンバ

80%

80%

シラカバ 🟡

白樺　別名シラカンバ
B. platyphylla

ダケカンバ同様、きれいな黄色に紅葉する。幹は白色。北海道〜中部地方の明るい山地に生える高木。寒冷地では庭木や公園樹。

ブナ科（互生）

ブナ 🟠🟠

橅、椈、山毛欅
Fagus crenata

寒い地方の自然林を代表する木で、白い幹に地衣類やコケが付着してまだら模様になり、美しい。紅葉ははじめ黄色くなり、時間が経つにつれて橙〜赤茶色を帯びてくる。太陽に透かして見ると、黄〜橙〜褐色のグラデーションが美しいが、鮮やかな色は長続きせず、紅葉の後半や落ち葉はすぐに褐色になってしまう。このように褐色になりやすい紅葉を「褐葉」といい、ブナ科の樹木は多くがこのパターンである。分 北海道〜九州の山地。ブナ林を形成する。高 高木。樹高15〜30m。

静岡県富士山（1300m）11月上

ふちは波形。

◀ブナ▶

すぐ褐色になりやすい。

80%

イヌブナ 🟠🟡

犬橅、犬椈 *F. japonica*

ブナよりやや低標高に分布する高木で、幹は黒っぽく、葉裏に毛が多い。紅葉は黄〜橙色だが、褐色を帯びやすい。

80%

ブナ科（互生）

コナラ ●●●

小楢　*Quercus serrata*

身近な雑木林に最も多く見られる木で、紅葉ははじめ黄色、次第に橙〜赤茶色へと色が濃くなる。落ち葉はすぐに褐色になる。分 北海道〜九州の低地や山地。高 高木。

70%

▲ナラ類の幼木や若木はしばしば赤く紅葉する。

葉柄は長さ1cm前後。

栃木県日光市（600m）11月上

ミズナラ ●●●

水楢　別名オオナラ　*Q. crispula*

寒い地方に多く見られる木で、ブナと混生もする。紅葉はコナラに比べると黄色が強く、やがて橙〜褐色を帯びる。若木では赤みが強い。分 北海道〜九州の山地。高 高木。

60%

☆日本海側の多雪地に生える変種のミヤマナラは、低木で赤〜橙色に紅葉する。

葉柄はごく短い。

山梨県大月市（1300m）10月下

ブナ科（互生）

カシワ 🟠🟡

柏　*Quercus dentata*

ブナ科の中では赤系の強い紅葉が見られる。派手さはないが、条件がよいと鮮やかな橙色に染まり、時に赤色も交じって美しい。分 北海道〜九州の主に山地。庭木。高 高木。

島根県三瓶山（700m）10月下

ふちは波形。

50%

クヌギ 🟡

櫟、椚　*Q. acutissima*

里山の雑木林の代表種で、秋は濃い黄色に染まって目立つ。分 本州以南の低地。高 高木。類 葉がそっくりなクリも黄色く紅葉するが、クヌギに比べると色がくすむものが多い。

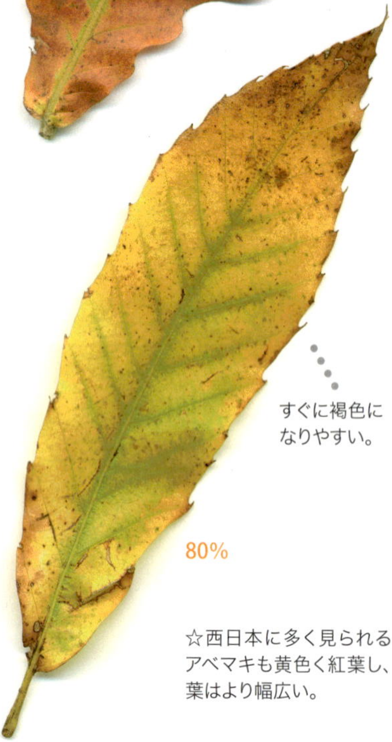

神奈川県川崎市（50m）10月下

すぐに褐色に
なりやすい。

80%

☆西日本に多く見られるアベマキも黄色く紅葉し、葉はより幅広い。

ニレ科（互生）
榎
Celtis sinensis

エノキ ●

大阪市 (5m) 11月下

身近に見られる黄色く紅葉する木の代表種で、暖かい都市部でもよく色づく。比較的濃い黄色で、当たり外れも少ない。ケヤキやムクノキに比べると枝が横に張りやすく、丸い樹形になる傾向がある。
分 本州以南の低地。野山の明るい場所や、公園、神社、河原などによく生えている。高 高木。樹高5〜20m。類 同じニレ科のハルニレも黄色く紅葉して美しく、北海道をはじめ山地に多く見られる。また、アキニレは西日本の暖地に分布し、紅葉は黄色が中心だが、時に赤くなることもある。

葉の先半分に鋸歯がある。

鋸歯は粗くて大小2重になる。葉の幅は先に近いほうで最大になる。

▲エノキ　80%

アキニレ ●●●
秋楡 *Ulmus parvifolia*

80%

鋸歯は角張る。

ハルニレ ●●
春楡 *U. davidiana*

80%

21

ニレ科（互生）
ケヤキ ●●●

欅　別名ツキ
Zelkova serrata

ケヤキの紅葉は木1本ごとに色が異なることが特徴。派手さはないが、赤、橙、黄、それぞれの色が見られ、ケヤキが多く植えられた並木道や広場では、色とりどりの木が混在して美しい。しかし、褐色を帯びるのが比較的早く、落ち葉もすぐに色がくすんでしまう。いわゆる「褐葉」の代表例である。樹皮はうろこ状にはがれてまだら模様になる。分 本州〜九州の低地や山地。高 高木。樹高15〜30m。きれいな扇形の樹形が美しく、街路や公園によく植えられる。

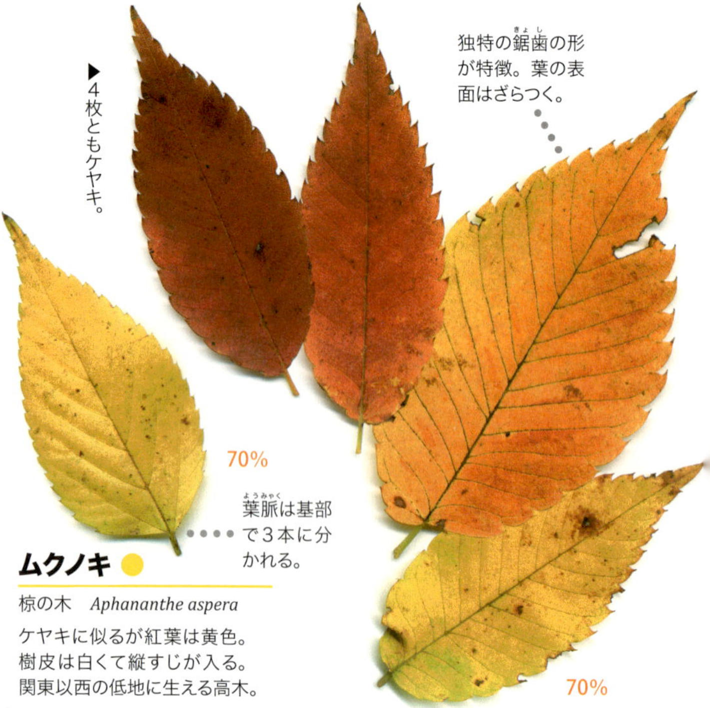

静岡県富士市（700m）11月上

▶4枚ともケヤキ。

独特の鋸歯の形が特徴。葉の表面はざらつく。

70%

葉脈は基部で3本に分かれる。

ムクノキ ●

椋の木　*Aphananthe aspera*

ケヤキに似るが紅葉は黄色。
樹皮は白くて縦すじが入る。
関東以西の低地に生える高木。

70%

クワ科（互生）

ヒメコウゾ 🟡

姫楮　*Broussonetia kazinoki*

裂ける葉と裂けない葉があり、比較的鮮やかな黄色に紅葉する。分 本州～九州の低地や山地。コウゾ類は和紙の原料として栽培されたので、人里周辺に多い。高 低木。類 よく似たクワ類の紅葉も黄色。

☆よく似たコウゾは、ヒメコウゾとカジノキの雑種でより大型。

◀３つに裂ける葉。
60%

葉柄は短め。

鋸歯がある。

鋸歯はない。

神奈川県相模原市（200m）11月上

▲ヒメコウゾの裂けない葉。

☆葉が細長いタイプもある。

イヌビワ 🟡

犬枇杷　*Ficus erecta*

海に近い暖かい地方に生え、秋は常緑樹林の中で黄色く紅葉してよく目立つ。果実はイチジクを小さくした形。分 関東地方以西の低地。高 小高木。

60%

モクレン科（互生）

ハクモクレン 🟡

白木蓮　*Magnolia heptapeta*

紅葉は黄色で、日当たりがよい葉ほど鮮やか。紅葉しはじめは緑色が抜け切らないことも多いが、次第に黄色が濃くなり、褐色に近づく。分 中国原産。庭木、公園樹。高 高木。

東京都植栽（10m）12月上

50%

☆葉はきれいなたまご形。よく似たコブシはひと回り小さく、やや淡い黄色に紅葉する。

ユリノキ 🟡

百合の木　*Liriodendron tulipifera*

Tシャツのような葉の形が独特で、鮮やかな黄色に紅葉する。次第に色が濃くなり、枯れ葉はやや橙（だいだい）色を帯びる。分 北米原産。街路樹や公園樹。高 高木でかなり大きくなる。

東京都植栽（100m）10月下

葉先はややくぼむか直線状になる。

50%

☆切れ込みの数が1対多い葉も見られる。

ダンコウバイ ●

クスノキ科（互生）
檀香梅
Lindera obtusiloba

山梨県大月市（1000m）10月下

丸みのある3裂した葉がトレードマークで、秋には鮮やかな黄色に色づいて美しい。澄んだ色で葉もやや大型なので、ハイキング中にも目につきやすい。このように浅く3つに切れ込む葉はほかになく、シルエットでかんたんに見分けられる。[分]関東地方〜九州の山地。雑木林内や林のへりの明るい場所に点々と生える。植えられることはまれ。[高]低木。樹高2〜5m。[類]ウコギ科のカクレミノは、常緑樹だが葉がシロモジや本種にやや似ており、秋には一部の古い葉が鮮やかな橙〜黄色に紅葉する。

◀ダンコウバイ

☆ダンコウバイもシロモジも、切れ込みのない小型の葉が時折交じる。

裂け目は浅く、裂片の先端は丸みがある。

裂け目の底にポケット状のすきまがある。

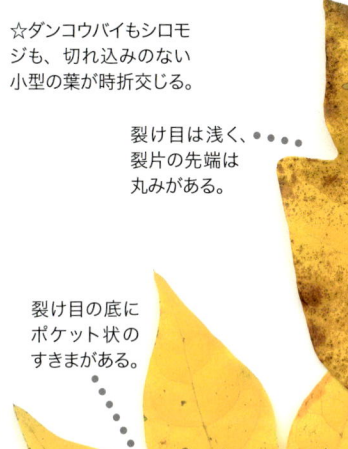

60%

60%

シロモジ ●●

白文字　*L. triloba*

ふつう黄色くなるが、時に橙〜淡い赤色を帯びる場合もある。中部地方〜九州の山地に分布。低木。

クスノキ科（互生）

クロモジ ●

黒文字
Lindera umbellata

秋田県鹿角市（700m）10月中

雑木林などの林内によく生える木で、野山で黄色く紅葉する低木の代表種である。派手さはないが、澄んだ黄色で美しい。緑色の枝に黒い汚れ模様が入ることが名の由来で、折ると爽やかな芳香がある。北日本に分布するものは葉が大型化する傾向がある。分 北海道〜九州の低地や山地。植えられることは少ない。高 低木。樹高1〜4m。類 本種を含むクスノキ科クロモジ属は、鮮やかな黄色に紅葉するものが多く、西日本に分布するアオモジ、カナクギノキ、ケクロモジなどの黄色もよく目立つ。

葉先はクロモジより長くとがる。

クロモジ▶

100%

☆枝先に葉が集まってつくことが、アブラチャンやヤマコウバシとの違い。

100%

アブラチャン ●

油瀝青　*L. praecox*
紅葉は黄色で、枝は褐色。本州〜九州の山地の主に谷沿いに生える低木。

常緑樹の紅葉

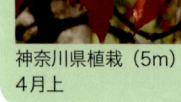
神奈川県植栽（5m）
4月上

常緑樹にも紅葉は見られる。クスノキ（クスノキ科の常緑樹・左写真）は、若葉が出る春〜初夏に古い葉が赤く紅葉して多数落ちる。一方、ナンテン（メギ科）のように、冬の間も赤く紅葉した葉をつけ続ける常緑樹もある。

クスノキ科・ツバキ科（互生）

ヤマコウバシ

山香し　クスノキ科　*L. glauca*

クロモジと似ているが、枝は褐色。紅葉は黄色、または橙色やくすんだ赤色に染まる。枯れ葉は落ちずに枝に残ることが特徴。**分** 関東地方〜九州の低地や山地。**高** 低木。

☆葉をちぎると特有の香りがあることが名の由来。

100%

東京都三鷹市（60m）11月下

ナツツバキ

夏椿　別名シャラノキ　ツバキ科
Stewartia pseudocamellia

白い花や樹皮のまだら模様が美しいことで知られるが、紅葉も鮮やか。多くは橙色に色づき、条件がよいと赤っぽくなる。**分** 本州〜九州の山地。庭木に多い。**高** 小高木〜高木。

100%

☆葉が小型のヒメシャラは、くすんだ赤茶色に紅葉することが多い。

東京都植栽（100m）11月上

カツラ科（対生）

カツラ

桂
Cercidiphyllum japonicum

東京都植栽（100m）11月中

鮮やかな黄色の紅葉が美しく、人気の高い木。澄んだ黄色で、針葉樹のような三角形の樹形になるので、イチョウに似た雰囲気がある。紅葉期は早めで落葉するのも早い。なお、落葉して乾燥した直後の葉は、しばしばカラメルのような甘い香りを放つため、「お香の木」などの地方名があり、秋はこの香りで本種の存在に気づくこともある。分 北海道〜九州の山地の渓谷。公園や街路に植えられる。高 高木で樹高20m前後。老木は根元から多数の幹を出し、株立ち樹形の大木になる。

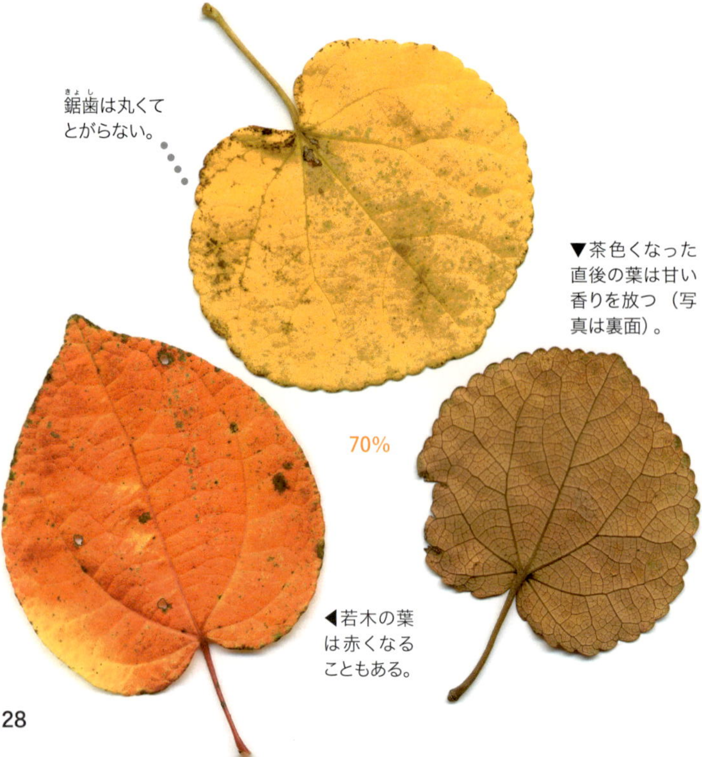

鋸歯は丸くてとがらない。

▼茶色くなった直後の葉は甘い香りを放つ（写真は裏面）。

70%

◀若木の葉は赤くなることもある。

スズカケノキ科・マンサク科（互生）

モミジバスズカケノキ ●●

紅葉葉鈴懸の木　別名プラタナス
スズカケノキ科　*Platanus × acerifolia*

紅葉ははじめ黄色で、次第に色が濃くなって褐色になるが、その過程で橙色っぽく色づくと見映えがする。分北米や西アジア原産の原種から作られた交雑種。街路樹。高高木。

東京都植栽（30m）12月上

40%

茶色くなり始めるのが早く、色が入り交じる葉が多い。

◀紅葉した葉はしばしば桜餅に似た香りを放つ。

マンサク ●●●

満作　マンサク科　*Hamamelis japonica*

ふつう黄色く紅葉するが、日当たりがよいと赤っぽく色づく個体もある。分北海道〜九州の山地。時に庭木。高小高木。類中国原産のシナマンサクも庭木にされ、紅葉は濃い黄色。

山梨県北杜市（800m）10月中

70%

マンサク科（互生）

モミジバフウ ●●●

紅葉葉楓　別名アメリカフウ
Liquidambar styraciflua

兵庫県植栽（200m）12月上

暖地でも鮮やかに紅葉するので、暖かい都市部で街路樹として人気がある。紅葉は赤系が中心だが、変異が多くて多様な色が見られる。赤紫色や朱色っぽくなる葉も多く、日当たりが悪い部分は黄色や緑色が残りやすいので、しばしば木全体がグラデーションになって美しい。よく似たカエデ類は葉が対生するのに対し、本種は互生することが違い。秋にはピンポン球ぐらいの硬い実をぶら下げる。分 北中米原産。本州以南の暖地を中心に街路や公園に植えられる。高 高木。樹高15m前後。

☆葉は5裂する。切れ込みの深さには多少変異があり、裂片がやや角張る葉も見られる。

▼モミジバフウ

ふちに細かい鋸歯が並ぶ。

60%

60%

フウ ●●●

楓　別名タイワンフウ　*L. formosana*

葉は3裂し、紅葉は黄色くなるもの、赤っぽくなるものがある。中国原産の高木。暖地で街路樹にされる。

ユキノシタ科（対生）

コアジサイ

小紫陽花　*Hydrangea hirta*

アジサイ類はどれも黄色く紅葉するが、本種は特に色が濃くて鮮やか。暗い林内によく生えるので、ことさら目立つ。分 関東地方〜九州の低地や山地。時に庭木。高 低木。

大ぶりの鋸歯が特徴。

80%

岐阜市（50m）12月下

マルバウツギ

円葉空木　*Deutzia scabra*

ウツギ類（ユキノシタ科）の中では紅葉が鮮やかで、橙〜赤色に染まる。条件がよいと美しい朱色になる。分 関東地方〜九州の低地や山地。植えられることはまれ。高 低木。

表面はざらつく。

☆同科のウツギは葉がより細く、紅葉はくすんだ橙色や黄色が多い。

80%

東京都奥多摩町（400m）12月中

バラ科（互生）

ヤマザクラ

山桜
Cerasus jamasakura

サクラといえば花ばかりが注目されがちだが、紅葉も赤系のものが多くてなかなか美しい。身近な林にふつうに見られるヤマザクラは、朱色に近い橙～赤色に紅葉する。1枚の葉でも、日当たりがよい部分の赤や橙色と、悪い部分の黄色が塗り分けられたようになることも多く、対比が美しい。また、春の若葉も赤い。分 本州～九州の低地。公園にも植えられる。高 高木。樹高15m前後。類 寒冷な山地や北日本に分布するオオヤマザクラやカスミザクラも、赤色系の紅葉で美しい。

大阪府箕面山(350m)11月下

▼ヤマザクラ

鋸歯はほかのサクラ類より細かい。

80%

80%

葉柄の上にイボ状の蜜腺がふつう2個つく。これはサクラ類共通の特徴。

ソメイヨシノ

染井吉野　*C. × yedoensis*

公園や街路に多く植えられる園芸種で、濃い赤～橙色に紅葉する。部分的に黄色が交じる葉も多い。

葉柄に毛が多い。

バラ科（互生）

タカネザクラ

高嶺桜　別名ミネザクラ　*C. nipponica*

名のごとく高山に生えるサクラで、ナナカマドやダケカンバとともに見られる。紅葉は赤〜朱色のような橙色で、非常に鮮やか。分 北海道〜中部地方の高山。高 小高木〜低木。

200%

鋸歯は深く、大小2重になる。

80%

葉柄の上にふつう2個のイボ（蜜腺）がある。

静岡県塩見岳（2500m）10月上

ウワミズザクラ

上溝桜　*Padus grayana*

山吹色に少し赤を足したような明るい橙〜黄色に紅葉し、特有の澄んだ色で上品な美しさがある。初夏に咲く花は白色でブラシ状。分 北海道〜九州の低地や山地。高 高木。

☆よく似たイヌザクラは葉が細く、紅葉はふつう黄色。シウリザクラの紅葉は赤系。

80%

葉柄は1cm前後と短め。蜜腺は目立たない。

東京都三鷹市（60m）11月下

33

バラ科（互生）

ナナカマド ●●

七竈
Sorbus commixta

岩手県八幡平（1000m）10月下

モミジ類やウルシ類と並び、まっ赤な紅葉が美しい木のひとつで、北国の紅葉を代表する存在である。紅葉期は比較的早く、全体が濃く鮮やかな赤色に染まる。ブナ林や森林限界付近の山で、赤色の羽状複葉の木を見かけたら、本種かヤマウルシをまず疑おう。また、葉が緑色の頃から赤い果実をつけ、落葉後も枝に残って目立つ。分 北海道〜九州の山地や高山。北海道や東北地方では街路や公園に多く植えられているが、東京以西の低地では暑すぎてよく育たない。高 小高木。樹高5〜10m。

☆小さな葉（小葉）が羽のように並んで1枚の葉を構成する形で、羽状複葉という。

葉先はとがる。

ふち全体に細かい鋸歯がある。

60%

☆名の由来は、材を七回かまどに入れても燃え残るといわれるため。

バラ科（互生）

ウラジロナナカマド ●●●

裏白七竈
S. matsumurana

長野県木曽駒ヶ岳（2500m）10月上

ナナカマドとよく似ているが、葉の裏が白いのでこの名がある。ナナカマドはブナやミズナラの森林地帯に主に生えるのに対し、本種は森林限界を超えた高山に群生するので、日本アルプスや大雪山などの紅葉は本種が主役である。紅葉は橙〜赤色が基本だが、ナナカマドより色の変異が多く、黄色くなる個体もしばしば見かける。分 北海道〜中部地方の高山。高 低木で、樹高は1〜3m。根元から細い幹を多数出し、半球形の樹形になって群生することが多い点も、ナナカマドと異なる。

鋸歯は小葉の先半分にのみある。

◀ウラジロナナカマド

葉先は丸みを帯びる。

表面に光沢としわが目立つ。

60%

60%

タカネナナカマド ●●●

高嶺七竈　*S. sambucifolia*

中部地方以北の高山に生える低木。個体数は少ない。

35

バラ科（互生）

アズキナシ ●●●

小豆梨　*Aria alnifolia*

紅葉は黄～橙色で、条件がよいと赤みを帯びるが、褐色になるのが早い傾向がある。分北海道～九州の山地。高高木。類よく似たウラジロノキも同様に黄～橙色の紅葉。

大阪府箕面山（300m）11月下

鋸歯はやや粗い。

80%

周囲が褐色を帯びやすい。

カマツカ ●●●

鎌柄　*Pourthiaea villosa*

紅葉は主に橙色、しばしば赤色や黄色にもなる。色が濁ることが多いが、逆光だと比較的鮮やかに見える。秋は赤い果実もつく。分北海道～九州の低地や山地。高小高木。

山梨県大月市（1000m）10月下

◀紫を帯びた濃い赤色の葉も見られる。

80%

褐色を帯びやすい傾向がある。

バラ科・マメ科（互生）

ミヤマニガイチゴ ●●○○

深山苦苺　バラ科
Rubus subcrataegifolius

キイチゴ類の紅葉は橙〜赤色が多く、さほど華やかさはないが、本種はまっ赤に染まって美しい。分 北海道〜近畿地方の山地や高山。高 低木。

トゲがある。

80%

☆低標高に分布するニガイチゴも赤系の紅葉で、葉は丸みがあって切れ込みはより浅い。両者とも葉裏が白いことが特徴。

宮城県蔵王（1200m）10月中

フジ ●

藤　別名ノダフジ　マメ科
Wisteria floribunda

日当たりがよいと濃い黄色に紅葉して美しい。分 本州〜九州の低山や山地。庭木。高 つる植物。類 同じマメ科のヤマフジ、ハギ類、ニセアカシアなども黄色く紅葉する。

鋸歯はない。

50%

☆葉は羽状複葉で、落葉するとバラバラになる。

神奈川県秦野市（150m）11月上

トウダイグサ科（互生）

ナンキンハゼ ●●●

南京黄櫨、南京櫨
Sapium sebifera

暖かい西日本でも美しく紅葉する木として知られている。条件がよいと、紫色を経て鮮やかな赤色に色づく。また、橙〜黄色の葉が入り交じることも多いので、しばしば木全体が緑〜紫〜赤〜橙〜黄の美しいグラデーションになる。秋から冬にかけては、独特の白い果実も見られる。この種子から、ハゼノキ同様にロウを採ったことが名の由来。トウダイグサ科の植物は暖地産のものが多いが、紅葉も鮮やかなものが多い。分 中国原産。関東地方以西の街路や公園に植えられる。高 高木。樹高8〜15m。

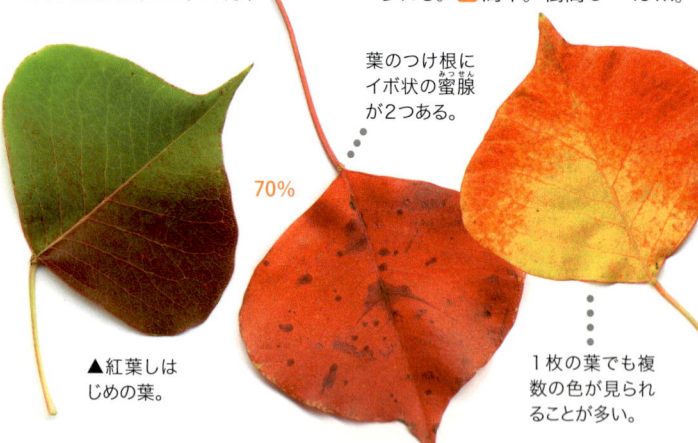

神奈川県植栽（20m）11月下

70%

葉のつけ根にイボ状の蜜腺が2つある。

▲紅葉しはじめの葉。

1枚の葉でも複数の色が見られることが多い。

草もみじ

木の紅葉に対して草の紅葉を一般に「草紅葉（くさもみじ）」と呼び、左写真のタカトウダイ（トウダイグサ科）のように鮮やかに色づくものも少なくない。ほかには、イタドリ（タデ科）、アメリカフウロ（フウロソウ科）、アカバナ（アカバナ科）、チガヤ（イネ科）、ヤマノイモ（ヤマノイモ科）などの仲間で、美しい草紅葉が観察できる。

滋賀県伊吹山（1200m）10月下

▼葉脈に沿って模様ができることがある。

ふちは波打つことがあるが、鋸歯はない。

☆若い木では葉が浅く3つに裂ける。

60%

60%

・・・葉柄は赤くて長い。

トウダイグサ科（互生）

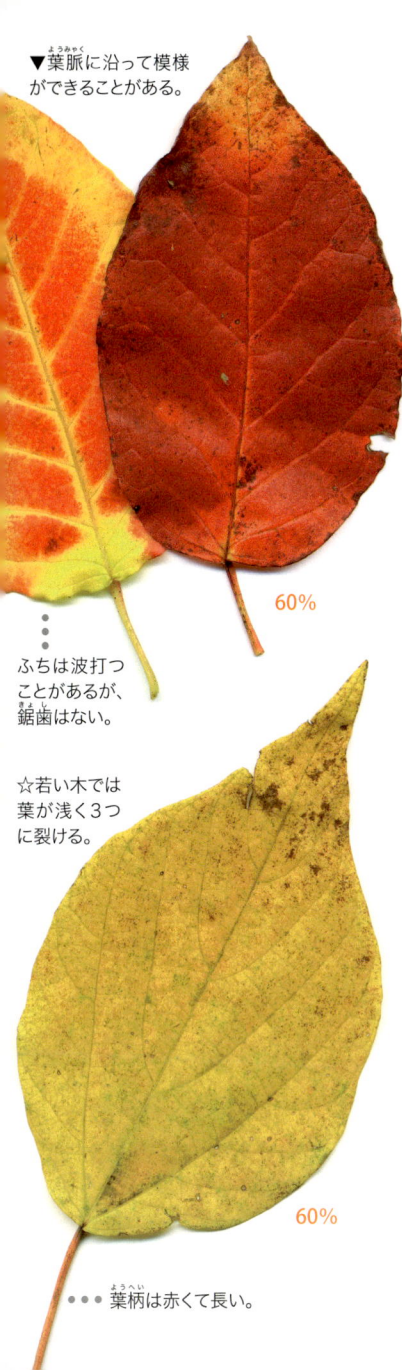

シラキ 🔴🟠🟡

白木　*S. japonicum*

知名度は低いが紅葉の美しさはトップクラス。黄～橙色の紅葉も多いが、条件がよいとまっ赤になる。暖地でも色づきがよく、比較的早く紅葉する。分 本州以南の山地。高 小高木。

長崎県雲仙岳（1100m）9月下

アカメガシワ 🟡

赤芽柏　*Mallotus japonicus*

道端やヤブなどの明るい場所によく生えている変哲のない木だが、紅葉は鮮やかな黄色で目立つ。暖地や沿海地の紅葉の代表種である。分 本州以南の低地。高 小高木。

神奈川県秦野市（80m）12月上

ウルシ科（互生）

ハゼノキ 🟠🟠

黄櫨、櫨　別名リュウキュウハゼ
Rhus succedanea

暖地の紅葉を代表する木といえば、ハゼノキがナンバー1だろう。特に西日本では、山野の明るい場所にふつうに生えており、秋には常緑樹に交じってまっ赤に紅葉した姿があちこちで見られる。鮮やかかつ澄んだ赤色で、当たり外れも少ない。本種をはじめとしたウルシ科の木は、樹液が肌につくとかぶれることが多いので注意。分 関東地方以西の低地。時に庭木。高 小高木。樹高5～10m。類 よく似たヤマハゼは葉の両面に細かい毛が生え、紅葉は赤～橙色で、鮮やかさはやや劣る印象がある。

大分県国東市（5m）11月下

▼ハゼノキ

・・・葉は全体無毛で、やや光沢がある。

葉全体に細かい毛が生え、さわるとざらつく。ハゼノキより小葉が幅広く、側脈が目立つ。

50%

50%

▲裏

ヤマハゼ 🟠🟠🟡

山黄櫨　*R. sylvestris*

40

ヤマウルシ ●●●

ウルシ科（互生）

山漆
R. trichocarpa

秋の山地で、カエデ類と並んで紅葉が美しいのがヤマウルシである。紅葉期が比較的早く、他種がまだ緑色の頃から赤く染まり始める。条件がよいと鮮やかな赤色に染まるが、橙（だいだい）色や黄色になるものも多く、多様な色が見られる。樹液が肌につくとかぶれるので注意。分 北海道〜九州の山地や低地。明るい場所を好み、道沿いのヤブに幼木が生えることが多いので、目につきやすい。高 低木。樹高2〜7m。類 よく似た中国原産のウルシは、地味な橙〜赤、または黄色に紅葉し、まれに野生化している。

秋田県田沢湖 (600m) 10月中

☆ヤマウルシ、ハゼノキ、ヤマハゼなどは、成木の葉は鋸歯はないが、幼木ではしばしば大きな少数の鋸歯が出る。

40%

・・・・・・・・・・・・つけ根側の小葉（しょうよう）は、小さくて丸くなる。

ウルシ科(互生)

ヌルデ ●●●

白膠木　別名フシノキ
Rhus javanica

広島県八幡高原(800m)10月下

同じウルシ科のハゼノキやヤマウルシに比べると、華やかさは劣る場合が多い。寒冷な地方に生育する個体や若木など、生育条件がよいものは鮮やかな橙〜赤色に染まるが、葉の表面に粒状の虫こぶや病気が発生して傷むことも多く、やや汚れた橙色に紅葉したものをよく見かける。分 北海道〜九州の低地や山地。身近にふつうに見られる木で、日当りのよい空き地やヤブ、道路沿いの斜面、河原などに生えていることが多い。植えられることはまれ。高 小高木。樹形は横広がり型で、樹高3〜8m。

☆ヌルデはウルシ科だが、樹液でかぶれることは少ないといわれる。

30%

中央の軸に翼と呼ばれるひれ状の物体がつく。

表面に茶色い汚れが目立つことが多い。

ウルシ科（互生）

ツタウルシ ●●●

蔦漆　*R. ambigua*

紅葉は澄んだ赤色で非常に美しく、少し日当たりが悪いと橙色や黄色になりやすいので、しばしば鮮やかなグラデーションが見られる。紅葉期が早く、格好の被写体だが、樹液が肌につくとかぶれるので注意。分 北海道〜九州。寒冷な山地に多いが、低地のスギ林や海岸林にも生える。高 木の幹や岩壁によじ登るつる植物。

日当たりが悪い部分は黄色になる。

40%

ふちに鋸歯はないが、小型の葉では少数の鋸歯が出る。

先端の小葉はない。（偶数羽状複葉）

北海道帯広市（5m）9月下

ランシンボク ●●●

爛心木　別名カイノキ
Pistacia chinensis

紅葉が美しいことで知られる珍木。透き通るような赤〜橙色、または黄色に紅葉し、しばしばグラデーションになる。分 中国原産。学問の木とされ、まれに学校や庭園に植えられたり、盆栽にされる。高 高木。

40%

43

カエデ科（対生）

イロハモミジ ●●●

別名イロハカエデ、タカオモミジ
伊呂波紅葉　*Acer palmatum*

美しい紅葉で知られる最も有名なカエデである。都市部でも鮮やかな赤色に紅葉し、当たり外れも少ない。日陰では黄色くなるが、中には日なたでも黄色や橙色に紅葉する個体もある。東京では通常11月下旬～12月上旬に紅葉する。一般に、単に「もみじ」というと、本種やオオモミジ、ヤマモミジを指し、これらから多くの園芸品種が作られている。分 本州の主に太平洋側～九州の低地。身近な雑木林にも生えるほか、庭や公園、街路、社寺などに多く植えられている。高 小高木。樹高4～15m。

京都府植栽（100m）11月下

鋸歯は粗くて、大小2重になる。

☆名の由来は切れ込みの数をいろは……と数えたことによる。別名は京都の高雄山に多いことから。

切れ込みは深く、裂片は細い。

100%

葉はカエデ類の中で最小クラスで、7つか5つに裂ける。

カエデ科（対生）

鋸歯は全体的に細かく、裂片は幅広い。葉は7つか9つに裂ける。

▼オオモミジ▶

100%

オオモミジ ●●●

大紅葉 *A. amoenum* var. *amoenum*

紅葉は木全体が赤くなるものも、黄色くなるものもあり、変異が多くて美しい。若葉が赤紫色の園芸品種もある。分 北海道〜九州の低地や山地。公園や庭にも多い。高 小高木。

山梨県大月市（1400m）10月下

ヤマモミジ ●●●

山紅葉 *A. amoenum* var. *matsumurae*

オオモミジの変種で、北海道〜本州の日本海側に分布。葉はイロハモミジより大きく、7つか9つに裂ける。紅葉はオオモミジ同様。

100%

鋸歯が粗くて、大小2重になる。

カエデ科（対生）
ハウチワカエデ ●●●

羽団扇楓　別名メイゲツカエデ
Acer japonicum

秋田県鹿角市（700m）10月中

寒い地方のブナ林に生える代表的なカエデで、大きくて丸い葉を羽うちわにたとえたことが名の由来。まっ赤に紅葉するものが多くて目立つが、明るい橙〜黄色に紅葉するものも少なくなく、さまざまな色が見られる。また、葉脈に沿って塗り分けたように複数の色が入り交じる葉も時折見られる。これはコハウチワカエデやオオイタヤメイゲツにも共通する特徴である。分 北海道〜本州の山地。園芸品種も作られており、北国では庭や公園にも植えられる。高 小高木。樹高5〜10m。

▶赤、黄、緑が入り混じった葉。

70%

◀このような明るい橙色に紅葉するものも多い。

☆この見開き4種の中で、ハウチワカエデは葉が最大で、葉柄は短くて毛が多いことが特徴。

カエデ科（対生）

コハウチワカエデ ●●◐

小羽団扇楓　*A. sieboldianum*

紅葉は赤〜橙色が多く、鮮やか。木全体がまっ赤になる場合もあるが、グラデーションになったものを見かけることも多い。分 本州〜九州の山地。個体数は多い。高 高木。

70%

葉柄は長くて毛が生える。

長野県飯田市（1200m）10月下

切れ込みは比較的深い。

鋸歯は鋭い。

70%

葉柄は長くて毛はない。

70%

オオイタヤメイゲツ ●●●

大板屋名月　*A. shirasawanum*

主に太平洋側のブナ林に分布するカエデで、紅葉は赤、橙、黄色などさまざま。本州〜四国の山地に生える高木。

ヒナウチワカエデ ●●◐

雛団扇楓　*A. tenuifolium*

やや珍しいカエデ。紅葉は独特の淡い橙色が多く、他種とはやや違った雰囲気。本州〜九州の山地に生える小高木。

カエデ科(対生)

ミネカエデ 🟠🟡

峰楓
Acer tschonoskii

名の通り高山の尾根などに生えるカエデで、紅葉はふつう黄色。森林限界付近によく見られ、ダケカンバやナナカマド類とともに高山の秋を彩る代表種である。**分** 北海道〜中部地方の高山。本州中部では標高1500〜2500mに多く、東北や北海道ではそれより低標高でも見られる。**高** 低木。樹高2〜5m。**類** よく似たナンゴクミネカエデ(主に西日本の高山に分布)やオオバミネカエデ(本州中部の高山に分布)は、橙〜赤色に紅葉して小高木になるが、ミネカエデとの区別が難しい場合がある。

福島県磐梯山(1300m)10月中

・・・ 葉先は伸びない。

▼ミネカエデ

・・・ 葉先は長く伸びる。

60%

60%

・・・ 葉先は長く伸びる。

ナンゴクミネカエデ 🟠🟡🟡

南国峰楓　*A. australe*

コミネカエデ 🟠🟠🟡

小峰楓　*A. micranthum*

葉がひと回り小さく、ブナ林などに生える。紅葉は鮮やかな赤〜朱色。本州〜九州に分布する小高木。

60%

オガラバナ ●●●

カエデ科（対生）
麻幹花　別名ホザキカエデ
A. ukurunduense

ミネカエデとともに高山に見られるカエデで、ややくすんだ橙〜赤色に紅葉する。華やかさは今ひとつで、むしろ初夏に咲かせる穂状の花のほうが目立つので、この名があるのかもしれない。一般に、亜高山帯の森林限界付近に見られるカエデは本種かミネカエデと思ってよく、葉の表面がしわしわで紅葉が赤系なら本種、すべすべで黄色ならミネカエデである。分 北海道〜中部地方の高山や山地。北海道では標高200〜300ｍの樹林でも見られる。高 小高木。樹高3〜10ｍ。

北海道大雪山（1200ｍ）9月下

◀オガラバナ

▼オガラバナの葉裏は毛が多い。アサノハカエデは少ない。

200%

表面はしわが目立つ。

60%

アサノハカエデ ●●

麻の葉楓　*A. argutum*

寒冷な山地の谷沿いで見られるが、個体数は少ない。紅葉は黄色。本州〜九州に分布する小高木。

60%

カエデ科（対生）
ウリハダカエデ ●●●

瓜膚楓
Acer rufinerve

浅く3つに裂ける葉をもつカエデで、葉のボリュームがあるので紅葉期にも存在感がある。紅葉は橙〜赤色で、多少くすんだ色だが、逆光で見ると鮮やかな赤色に見えて美しい。日当たりがよくないと黄色くなりやすく、林内に生えた個体では全体が黄色くなるものも多い。若い樹皮は緑色で黒い縦しまが入り、ウリの模様に似ることが名の由来。分 本州〜九州の山地や低地。寒冷なブナ・ミズナラ林に生えることが多いが、暖地の海岸林でも見られる。植えられることは少ない。
高 小高木。樹高10m前後。

宮城県大和町（150m）11月下

☆葉は3つ、または5つに裂け、五角形状になる。

◀裏面の葉脈の分岐点に、茶色い毛のかたまりがある。

葉柄は短く、上面に溝がある。

90%

200%

カエデ科（対生）

ホソエカエデ ●●●

細柄楓　*A. capillipes*

ウリハダカエデにそっくりだが、紅葉はより濃い赤色になる傾向があり、紫色を帯びることも多い。名は花の柄が細いため。分 主に関東地方〜中部地方の寒冷な山地。高 小高木。

葉柄は特に赤く、上面に溝がある。

50%

▶裏面は無毛。葉脈の分岐点に膜がある。

200%

神奈川県丹沢山（1100m）10月下

テツカエデ ●

鉄楓　*A. nipponicum*

珍しいカエデで雪が多い地方に生える。ウリハダカエデに似るが葉がより大きく、紅葉は黄色で、次第にくすんで茶色くなる。分 本州〜九州の寒冷な山地。高 小高木〜高木。

40%

葉柄は長く、上面に溝はない。

新潟県魚沼市（900m）11月上

51

カエデ科（対生）

トウカエデ ●●●

唐楓
Acer buergerianum

都市部で身近に見られるカエデの代表種。丈夫で暖地でもよく育つので、街路樹としてカエデ類の中で最も多く植えられている。条件がよいと鮮やかな赤色に紅葉するが、橙色や黄色になるもの、これらのグラデーションになるものも多く、多様である。樹皮は荒々しく縦にはがれる。分 中国原産。各地で街路樹、公園樹、庭木にされる。高 高木。樹高10〜15m。なお、左写真のような街路樹の樹形は、定期的に枝を切られた結果の姿で、自然樹形ではケヤキのように大きく枝を広げる。

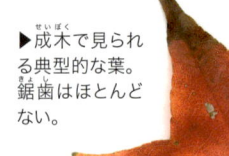

仙台市植栽（40m）11月下

▶成木で見られる典型的な葉。鋸歯はほとんどない。

▼強く伸びた枝の葉は、切れ込みが深くなる。

80%

鋸歯がはっきり出ることもある。

80%

鋸歯は荒々しく、切れ込みの深さは変化が多い。

カラコギカエデ ●●●

鹿子木楓　*A. ginnala*

湿地などに生える珍しいカエデで、紅葉はくすんだ赤系が多い。北海道〜九州の山地に分布する小高木。

カエデ科（対生）

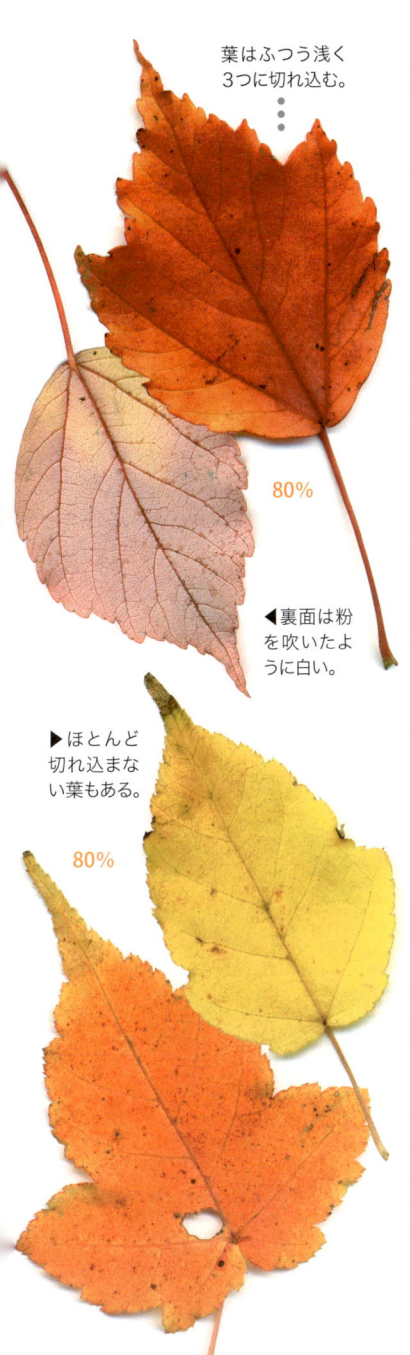

ハナノキ 🟠🟠🟡

花の木　*A. pycnanthum*

春の花が赤く美しいことが名の由来。紅葉は鮮やかな赤〜橙色が中心で、しばしば黄色が交じる。分 長野・岐阜・愛知県県境の湿地。まれに公園や街路に植えられる。高 高木。

葉はふつう浅く3つに切れ込む。

80%

◀裏面は粉を吹いたように白い。

山梨県植栽（950m）11月中

ウリカエデ 🟠🟠🟡

瓜楓　*A. crataegifolium*

紅葉は黄色が中心だが、日当たりのよい木や若木では、橙〜赤色に色づくこともある。名は樹皮が緑色であるため。分 本州〜九州の低地や山地。暖地にも生える。高 小高木。

▶ほとんど切れ込まない葉もある。

80%

山梨県大月市（1000m）10月下

カエデ科(対生)
イタヤカエデ 🟡

板屋楓
Acer pictum

秋田県鹿角市(700m) 10月中

黄色く紅葉するカエデの代表種で、山地では個体数が多く、見かける機会も多い。成木はほぼ必ず黄色くなるが、若木や幼木は橙色や淡い赤色に染まることもある。葉の形や毛の量に変異が多く、エンコウカエデ、ウラゲエンコウカエデ、オニイタヤ、モトゲイタヤ、アカイタヤ、エゾイタヤなどの亜種や変種に細分化されるが、総称でイタヤカエデと呼べば間違いない。分 北海道〜九州の山地や低地。寒冷なブナ林を中心に低地の雑木林まで幅広く見られる。時に公園樹や街路樹。高 高木。樹高15m前後。

・・・・ふちにギザギザ(鋸歯)がないことが特徴。

▼橙色に紅葉した若木の葉。若木では切れ込みが深くなることが多い。

60%

☆この2枚の葉はエンコウカエデのタイプ。オニイタヤやモトゲイタヤは切れ込みがより浅い。

カエデ科（対生）

カジカエデ ●●●

梶楓　別名オニモミジ　*A. diabolicum*

葉の形が美しい大型のカエデだが、知名度は低い。紅葉は黄色が多いが、日当たりがよい場所では橙〜赤色を帯びる。分北海道〜九州の山地。植えられることはまれ。高高木。

鋸歯の形が独特。

50%

☆カナダの国旗の葉と似ているが、カナダの国旗はサトウカエデ（砂糖楓）という北米原産のカエデがモデル。

山梨県大月市（1100m）10月下

ミツデカエデ ●●●

三手楓　*A. cissifolium*

3枚セットの葉をもつカエデ。紅葉は橙〜赤色系だが、色がくすむことも多く、褐色になるのが早い印象がある。分北海道〜九州の山地。植えられることはまれ。高小高木。

粗い鋸歯がある。

60%

☆3つの小葉がセットになって1枚の葉を構成する形を三出複葉という。

東京都植栽（60m）11月下

55

カエデ科（対生）
メグスリノキ ●●●

目薬の木
Acer maximowiczianum

栃木県植栽（600m）11月上

3枚セットの葉をもつ珍しいカエデで、鮮やかなサーモンピンク〜赤色の紅葉が非常に個性的である。また、紅葉しはじめは緑色とサーモンピンクが重なり、何とも言えないくすんだ色に染まる。ただし、個体や環境によっては平凡な赤色（といっても鮮やかだが）に紅葉する場合もある。樹皮の煎汁を目の洗浄に使ったためにこの名があり、近年は紅葉が美しい庭木として注目されつつある。分 本州〜九州の山地。個体数は少ない。まれに庭木にされる。高 小高木。樹高5〜15m。

鋸歯は低くてにぶい。

60%

200%

▶葉柄や葉の裏面（右写真）には剛毛が多数生える。

カエデ科（対生）

チドリノキ 🟡

千鳥の木　*A. carpinifolium*

葉はシデ類に似ているが、カエデ科なので対生することが違う。紅葉は黄色で、次第に褐色を帯び、枯れ葉は枝に残りやすい。分 本州～九州の山地の谷沿い。高 小高木。

☆名の由来は、果実の様子を千鳥が飛ぶ姿に見立てたことによる。ヤマシバカエデの別名もある。

鋸歯は大小2重になる。

80%

静岡県富士山（1300m）11月上

ヒトツバカエデ 🟡

一葉楓　*A. distylum*

切れ込みのない葉が名の由来で、ムシカリなどと間違えやすい。紅葉は非常に鮮やかな黄色で、落ち葉は甘い香りを放つことがある。分 東北地方～近畿地方の山地。高 小高木。

50%

つけ根は深く食い込む。

山梨県北杜市（1300m）10月中

トチノキ科（対生）・ムクロジ科（互生）

トチノキ ●●

栃の木 トチノキ科 *Aesculus turbinata*

大きな手のひら形の葉が、濃い黄色に染まってよく目立つ。紅葉期は比較的早く、すぐに褐色〜橙色を帯びやすい。分 北海道〜九州の山地の渓谷。街路樹。高 高木。

山形県米沢市（900m）10月中

掌状複葉で小葉はふつう7枚、小型の葉は5枚。

40%

ムクロジ ●

無患子 ムクロジ科 *Sapindus mukorossi*

大型の羽状複葉で、鮮やかな黄色に紅葉して美しい。小葉の数は偶数。ムクロジ目の樹木は紅葉が鮮やかなものが多い。分 関東以西の低地。社寺などに植えられる。高 高木。

東京都植栽（10m）12月上

▶小葉は10枚前後あり、これはその1枚。

50%

◀枯れ葉も黄色を帯びた明るい褐色で目立つ。

モチノキ科・ニシキギ科（互生）

アオハダ ●

青膚　モチノキ科　*Ilex macropoda*

澄んだ淡い黄色に紅葉し、上品な美しさがある。短い枝に数枚の葉が束になってつくことが多い。雌株は秋に赤い果実もつける。分北海道〜九州の低地や山地。高小高木。

80%

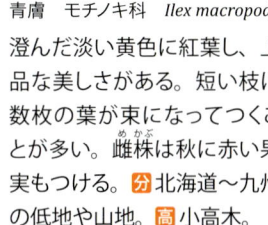

葉脈は表面でくぼみ、裏面に突き出る。

▼条件がよいと濃い黄色に染まる。

埼玉県滑川町（80m）11月中

ツルウメモドキ ●

蔓梅擬　ニシキギ科
Celastrus orbiculatus

やや薄い黄〜鮮やかな黄色に紅葉する。雌株は秋に鮮やかな果実をつけ、生け花にも使われる。分北海道〜沖縄の低地や山地。高ほかの植物にからみつくつる植物。

80%

山梨県山中湖（1100m）11月上

ニシキギ科（対生）

マユミ ●●●

真弓、檀
Euonymus sieboldianus

マユミといえば4つに割れるピンク色の果実がよく知られているが、紅葉も明るい橙～ピンク～赤色でそこそこ美しい。まっ赤になることは少なく、くすんだ朱色や、サーモンピンク風の色が多いことが特徴である。しばしば葉脈に沿って緑色や黄色が残り、独特の模様をつくることがある。紅葉期は葉が枝から力なく垂れ下がり、早々と落葉して果実だけが残った木を見かけることもある。分 北海道～九州の山地や低地。尾根や明るい低木林などに生える。時に庭木。高 低木～小高木。樹高3～10m。

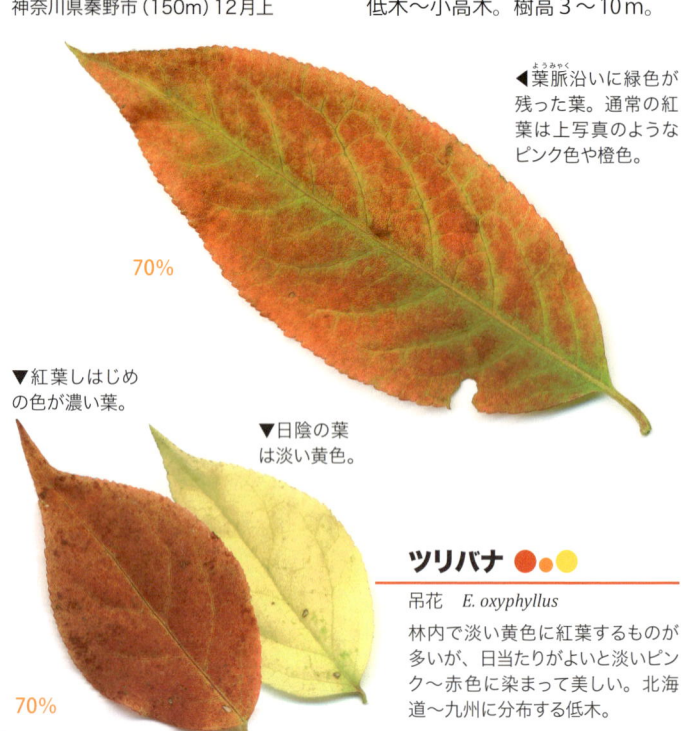

神奈川県秦野市（150m）12月上

◀葉脈沿いに緑色が残った葉。通常の紅葉は上写真のようなピンク色や橙色。

70%

▼紅葉しはじめの色が濃い葉。

▼日陰の葉は淡い黄色。

ツリバナ ●●●

吊花　*E. oxyphyllus*

林内で淡い黄色に紅葉するものが多いが、日当たりがよいと淡いピンク～赤色に染まって美しい。北海道～九州に分布する低木。

70%

ニシキギ科（対生）
錦木
E. alatus

ニシキギ ●●●

「錦木」の名は、紅葉の華やかさを錦にたとえたことに由来しており、名の通り絶品の紅葉を見せてくれる。日当たりのよい場所では見事にまっ赤に染まり、非常に美しい。日当たりがよくないとピンク色になり、さらに日陰では淡いクリーム色になる。紅葉しはじめはこれに緑色が混じり、しばしばグラデーションになる。枝に板状の突起物（翼）がつくことが特徴だが、野生の個体はつかないものが多く、コマユミと呼ばれる。分 北海道〜九州の低地や山地。庭や公園に植えられる。高 低木。樹高 1〜3m。

大分県国東市（350m）11月下

70%

▲日陰の部分は白に近い黄色。

▲半日陰だとピンク色が多い。

▲日なたでは鮮やかな赤色。（この枝には翼はなかった）

静岡県伊東市(50m)12月上

紫色の紅葉

ミツバウツギ科のゴンズイは、秋にしばしば葉全体が濃い紫色になる。これは、緑色の色素がなかなか抜けず、紅葉の赤い色素と重なって紫色に見える現象で、日当たりのよい木で見られる。やがて緑色が抜ければ赤や橙色になる。

ブドウ科（互生）

ツタ 🔴🟠🟡

蔦　別名ナツヅタ
Parthenocissus tricuspidata

童謡「まっかな秋」でも唱われるように、紅葉が美しい植物として親しまれている。木の幹にびっしり貼りついたり、建物の壁や塀一面を覆うことも多く、まっ赤に染まった光景は圧巻。紅葉しはじめは紫色を帯びやすく、しばしば緑〜紫〜赤〜橙（だいだい）〜黄色の見事なグラデーションになる。葉の形に変異があり、若い枝では切れ込みのない葉や完全に3つに分裂した葉も現れ、後者はツタウルシの葉によく似るので注意。❲分❳北海道〜九州の低地。庭や建物の緑化用にも植えられる。❲高❳つる植物。

神奈川県秦野市（150m）11月中

◀若い枝の葉は、小型で光沢が弱い。紅葉は明るい色が多い。

70%

ブドウ科の植物は、落葉時に葉柄（ようへい）が外れるものが多い。

▶太い枝の葉は光沢が強い。紫色を帯びる傾向も強い。

☆同じブドウ科のエビヅルは、葉先が丸くて裏面に毛が多く、紅葉は橙〜赤色だがやや地味。

70%

ブドウ科（互生）

葉は浅く3つに切れ込み、裏面は毛が多い。

ヤマブドウ ●●●

山葡萄　*Vitis coignetiae*

紅葉は濃い赤〜橙色。ブドウ科の中で最も葉が大きく、ほかの木々より早く色づくのでよく目立つ。果実も美味。 分 北海道〜四国の山地。 高 つる植物で、高い木にもよじ登る。

北海道旭川市（250m）9月下

◀サンカクヅルの小型の葉。

サンカクヅル ●●●

三角蔓　別名ギョウジャノミズ　*V. flexuosa*

葉が三角形に近いことが名の由来で、紅葉は橙〜赤色で、条件がよいと非常に鮮やかな赤色になる。果実も食べられる。 分 北海道〜九州の山地や低地。 高 つる植物。

葉は裂けないか、ごく浅く3つに裂ける。

山梨県都留市（900m）11月中

シナノキ科・アオギリ科（互生）

シナノキ 🟡

科の木　シナノキ科　*Tilia japonica*

寒い地方のブナ林などに生える木で、条件がよいときれいな黄色に紅葉するが、褐色を帯びやすい印象がある。分 北海道〜九州の山地。時に公園樹、街路樹。高 高木。

80%

福岡県植栽（100m）11月下

☆葉はハート形でカツラと似るが、カツラは対生、本種は互生。

アオギリ 🟡

青桐　アオギリ科　*Firmiana simplex*

大きなモミジ形の葉はインパクトがあるが、紅葉はやや薄い黄色で褐色を帯びるのが比較的早く、華やかさはない。幹は緑色。分 南日本の沿海地。公園樹や街路樹。高 高木。

葉はふつう5つに切れ込み、ふちに鋸歯はない。

神奈川県植栽（150m）11月下

50%

キブシ科・ミソハギ科（互生）

キブシ 🔴🟠🟡

木倍子　キブシ科　*Stachyurus praecox*

濃い赤や橙、または黄色に紅葉するが、色が濁る傾向が強い。逆光だと鮮やかに見えても、手に取ると意外と地味なことが多い。分 北海道～九州の低地や山地。高 低木。

秋田県抱返渓谷（150m）10月中

葉は大小変異が多い。

80%

サルスベリ 🔴🟠🟡

猿滑、百日紅　別名ヒャクジツコウ
ミソハギ科　*Lagerstroemia indica*

すべすべの幹と真夏の花が有名だが、紅葉も割と美しい。濃い赤～橙色が中心で、条件がよいと鮮やかに色づく。分 中国原産。庭や公園、社寺などに植えられる。高 小高木。

80%

葉先はくぼむことが多い。

山梨県大月市（400m）10月下

ミズキ科（対生）
ハナミズキ 🔴🔵

花水木　別名アメリカヤマボウシ
Benthamidia florida

比較的最近に人気が出た木で、都市部を中心に多く植えられており、身近な紅葉を代表する存在になった。紅葉は濃い赤色で、順光だとやや暗い色に見えるが、逆光では鮮やかに透けて見えて美しい。葉の緑色がなかなか抜けないことが多いので、色づきはじめは木全体が濃い赤紫色になり、また、紅葉期が他種より早いのでよく目立つ。秋は赤い小さな果実もつける。樹皮は細かい網目状に裂ける。分北米原産。各地の庭や公園によく植えられ、街路樹にも多い。高小高木。樹高3〜8ｍ。

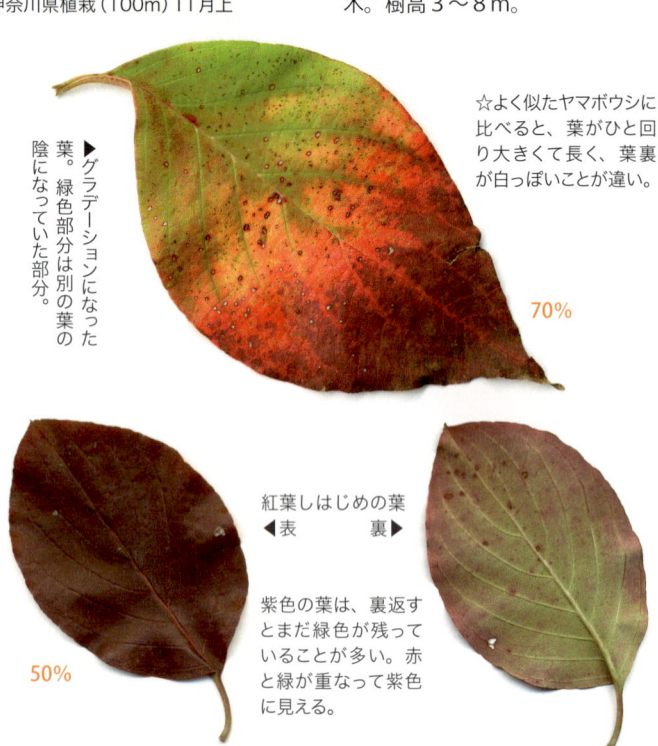

神奈川県植栽（100m）11月上

☆よく似たヤマボウシに比べると、葉がひと回り大きくて長く、葉裏が白っぽいことが違う。

▶グラデーションになった葉。緑色部分は別の葉の陰になっていた部分。

70%

紅葉しはじめの葉
◀表　　裏▶

紫色の葉は、裏返すとまだ緑色が残っていることが多い。赤と緑が重なって紫色に見える。

50%

ミズキ科（ヤマボウシ：対生、ミズキ：互生）

ヤマボウシ ●●●

山法師　*B. japonica*

紅葉は濃い赤〜橙色で、黄色とのまだら模様になることも多い。果実はハナミズキより大きく、食べられる。分 本州〜沖縄の主に山地。庭や公園にも植えられる。高 小高木。

山梨県瑞牆山（1500m）10月中

70%

ふちは波打つ。

ここは左の葉が重なっていた部分。日が当たらないと黄色くなることがわかる。

部分的に赤くなる葉がしばしば見られる。

ミズキ ●●●

水木　*Swida controversa*

横に枝を伸ばす姿が特徴的な木。紅葉は山吹色〜黄色が基本で、しばしば赤色を帯び、全体がぼんやりピンク〜橙色に染まることも。分 北海道〜九州の山地や低地。高 高木。

神奈川県秦野市（100m）11月下

70%

☆よく似たクマノミズキは葉が対生し、紅葉はミズキと似ている。

・・・葉柄は長い。

ウコギ科（互生）
コシアブラ ●

漉油　別名ゴンゼツ
Eleutherococcus sciadophylloides

数ある紅葉する木々の中でも、際立って個性的な色を見せてくれるのがこのコシアブラ。クリーム色のような淡い黄色に染まり、まるで脱色したような透き通った色合いが美しい。木全体が白っぽく見えるので、遠くからでもその存在に気づく（左写真の中央の木がコシアブラ）。日陰に生えた個体では、限りなく白色に近い葉も見られる。樹皮は白くて滑らかなことが特徴。春の若芽は山菜になる。分 北海道〜九州の主に山地。やせた尾根に生えることが多い。高 小高木〜高木。樹高7〜15m。

宮城県蔵王（1100m）10月中

小さな鋸歯がある。

50%

☆掌状複葉と呼ばれる形で、小さな葉（小葉）が5枚集まって1枚の葉をつくる。

ウコギ科(互生)

タカノツメ 🟡

鷹の爪　別名イモノキ　*E. innovans*

澄んだ黄色に紅葉し、日なたでは特に色鮮やか。日陰では色が薄くなり、コシアブラと似た雰囲気になることも。分北海道〜九州の低地や山地。やせ地に多い。高小高木。

小さな鋸歯がある。

50%

☆三出複葉と呼ばれる形で、小さな葉（小葉）が3枚集まって1枚の葉をつくる。

京都市（150m）11月下

タラノキ 🔴🔴🟡

楤の木　*Aralia elata*

山菜として有名だが、紅葉も赤や橙色でなかなか美しい。紅葉しはじめは紫色になりやすい。分北海道〜九州の低地や山地の明るい場所。栽培もされる。高低木。

▶紅葉しはじめの葉の一部分。本種の葉は2回羽状複葉と呼ばれる形で大型。

葉の軸や幹にトゲが多い。トゲがないものはメダラと呼ばれる。

50%

山梨県大月市（600m）10月下

ウコギ科・リョウブ科（互生）

ハリギリ 🟡

針桐　別名センノキ　ウコギ科
Kalopanax septemlobus

葉はカエデに似るがまったく別の仲間。紅葉はやや薄い黄色で、緑色が抜け切らない場合や、すぐ茶色くなることが多く、地味。分 北海道〜九州の山地や低地。高 高木。

山梨県瑞牆山（1600m）10月中

ふちに細かい鋸歯が並ぶ。

60%

リョウブ 🔴🟠🟡

令法　リョウブ科　*Clethra barbinervis*

ややくすんだ橙色の紅葉が多いが、日当たりがよい葉はしばしば鮮やかな橙〜赤色になる。特に若木で美しい紅葉を見かける。分 北海道〜九州の低地や山地の尾根。高 小高木。

福島県磐梯山（1300m）10月中

葉先に近いほうで幅が最大になる。

60%

70

ツツジ科（互生）

ネジキ ●●●

振木　*Lyonia ovalifolia*

濃い橙〜赤色に紅葉する。色が濁りやすい傾向があるが、条件がよいと美しい赤色に染まる。名は樹皮の縦裂けがねじれるため。分 本州〜九州の低地や山地の尾根。高 小高木。

ふちに鋸歯はない。

100%

日なたの枝や冬芽は赤くて鮮やか。

山口県防府市（100m）11月中

ミツバツツジ ●●●

三葉躑躅　*Rhododendron dilatatum*

紅葉はくすんだ橙色や濃い赤色が多いが、逆光だと鮮やかに見える。分 主に関東地方以西の山地。庭木。高 低木。類 西日本に分布するコバノミツバツツジの紅葉も橙〜赤色。

☆ミツバツツジ類には多くの種類があるが、枝先に葉が3枚ずつつくことが共通の特徴。

100%

神奈川県植栽（250m）10月下

ツツジ科（互生）

ヒラドツツジ 🟠🟠🟡

平戸躑躅　*Rhododendron* × *pulchrum*

冬も枝先の葉が残る半常緑樹だが、下部の葉は秋に紅葉し、日当たりがよいと赤色、日陰は黄色く染まる。分 園芸種で街路や公園に植えられる。園芸品種「大紫(おおむらさき)」が有名。高 低木。

神奈川県植栽（20m）12月上

▶日なたほど赤くなる。

☆ヤマツツジも同様に半常緑樹で、橙～赤色に紅葉する。

100%

葉の両面や葉柄(ようへい)に毛が多い。

ナツハゼ 🟠🟡🟡

夏櫨　*Vaccinium oldhamii*

夏も葉が赤みを帯びることが多く、それをハゼノキの紅葉に見立てたことが名の由来。秋の紅葉も赤色で鮮やか。分 北海道～九州の低地や山地の尾根など。高 低木。

兵庫県摩耶山（600m）10月上

表面に堅い毛があり、ざらつく。

葉柄(ようへい)は短い。

100%

◀まだ緑色が残る葉の裏面。

ツツジ科（互生）

ウスノキ 🔴🔴🟡

臼の木　*V. hirtum*

はじめ暗い紫色、後に赤く紅葉し、特に寒冷な場所では鮮やかに色づく。🟧分 北海道〜九州の高山から低地まで見られる。🟧高 低木。🟧類 よく似たスノキの紅葉も似た傾向。

☆ブルーベリーもウスノキやナツハゼ、クロマメノキと同じツツジ科スノキ属で、紅葉はまっ赤で美しい。

▲紅葉しはじめの葉。

100%

ふつう表面に毛はない。

愛媛県石鎚山（1800m）10月中

高山植物の紅葉

高山に広がる「お花畑」地帯には、ツツジ科やバラ科の小さな低木が多く見られ、9〜10月に紅葉のピークを迎える。

クロマメノキ 🔴🟡🟡（ツツジ科）

ウラシマツツジ 🔴（ツツジ科）

ミヤマホツツジ 🔴🟡🟡（ツツジ科）

チングルマ 🔴🟡🟡（バラ科）

ツツジ科(互生)

ドウダンツツジ ●●●

満天星躑躅、灯台躑躅
Enkianthus perulatus

鮮やかな紅葉が多いツツジ科の中でもひと際美しく、暖かい都市部でも鮮やかに紅葉する。日当たりのよい場所では濁りのない赤色に紅葉し、しばしば一面まっ赤に染まった植え込みを見る。日当たりがよくないと橙〜黄色になり、グラデーションになる。分 関東地方〜九州の低地。野生の個体はまれだが、庭や公園に多数植えられている。高 低木。樹高1〜3m。類 同じツツジ科ドウダンツツジ属のサラサドウダン、ベニドウダン(シロドウダン)、アブラツツジも鮮やかな赤色に紅葉する。

京都府植栽(200m)11月下

◀ドウダンツツジ▶

100%

☆ドウダンツツジ類は、枝先に5〜7枚前後の葉が集まってつくことが多い。

サラサドウダン ●●●

更紗満天星 *E. campanulatus*

紅葉はドウダンツツジより明るい色が多い印象がある。北海道〜九州の寒冷な山地に生える低木。庭木。

100%

カキノキ科（互生）・クマツヅラ科（対生）

カキノキ ●●●

柿の木　カキノキ科　*Diospyros kaki*

鮮やかな橙〜濃い赤色に紅葉し、日陰部分の黄色との対比も美しい。しばしば独特の黒緑色の斑点が見られるが、これは病気によるもの。分 中国原産。栽培される。高 小高木。

神奈川県植栽（150m）11月中

90%

周囲が緑色の斑点がよく現れる。

ムラサキシキブ ●

紫式部　クマツヅラ科　*Callicarpa japonica*

紅葉はやや薄い黄色だが、西日が当たるとよく映える。紅葉期につける紫色の果実も美しい。分 日本各地の主に低地。高 低木。類 庭木に多いコムラサキも薄い黄色に紅葉する。

神奈川県秦野市（200m）12月中

葉は菱形に近い形。

90%

スイカズラ科（対生）

オトコヨウゾメ ●●●

Viburnum phlebotrichum

赤色～ベビーピンクのような淡い赤色に紅葉し、日陰部分は薄い黄色になることが多い。秋は赤い果実もぶら下げる。分 本州～九州の低地。まれに庭木。高 低木。

宮城県大和町（150m）11月下

表面に毛はない。よく似たコバノガマズミは毛がある。

100%

乾燥したり傷むと黒くなる。

ガマズミ ●●●

莢蒾　*V. dilatatum*

紅葉は橙（だいだい）～やや淡い赤色、時に複数の色が入り混じるが、紅葉初期の紫色が残って黒ずむことも多く、さほど鮮やかな印象はない。分 北海道～九州の低地や山地。高 低木。

滋賀県伊吹山（800m）10月下

葉の周辺部が黒ずむことが多い。

100%

表面に毛があり、さわるとざらつく。よく似たミヤマガマズミは毛がなく、紅葉は赤系でより鮮やか。

スイカズラ科（対生）

ムシカリ ●●●

別名オオカメノキ　*V. furcatum*

ややくすんだ赤〜橙色に紅葉することが多く、葉が丸くて大きいのでよく目につく。色づき始めるのは比較的早い。分 北海道〜九州の寒冷な山地。高 低木〜小高木。

☆秋は赤や黒の果実も目につく。

80%

つけ根はハート形にくぼむ。

長野県大鹿村（1700m）10月上

ニシキウツギ ●●●

二色空木　*Weigela decora*

紅葉の基本は黄色だが、日当たりのよい部分は赤みを帯び、しばしば蛍光色のように鮮やかになる。花は赤白２色。分 本州〜九州の山地の明るい場所。高 低木。

100%

葉裏の主脈上に毛が密生する。

兵庫県植栽（150m）12月上

索引

太字は写真掲載種、細字は文中紹介種

● ア行 ●

アオギリ	64
アオハダ	59
アオモジ	26
アカイタヤ (→イタヤカエデ)	54
アカシデ	16
アカメガシワ	39
アキニレ	21
アケボノスギ (→メタセコイア)	14
アサノハカエデ	49
アジサイ類	31
アズキナシ	36
アズサ	17
アブラチャン	26
アブラツツジ	74
アベマキ	20
アメリカフウ (→モミジバフウ)	30
アメリカヤマボウシ (→ハナミズキ)	66
イタヤカエデ	54
イタリアポプラ (→セイヨウハコヤナギ)	16
イチョウ	14
イヌザクラ	33
イヌシデ	16
イヌビワ	23
イヌブナ	18
イモノキ (→タカノツメ)	69
イロハモミジ	44
イロハカエデ (→イロハモミジ)	44
ウスノキ	73
ウダイカンバ	17
ウツギ	31
ウラゲエンコウカエデ (→イタヤカエデ)	54
ウラシマツツジ	73
ウラジロナナカマド	35
ウラジロノキ	36
ウリカエデ	53
ウリハダカエデ	50
ウルシ	41
ウルシ類	40〜43
ウワミズザクラ	33
エゾイタヤ (→イタヤカエデ)	54
エノキ	21
エビヅル	62
エンコウカエデ (→イタヤカエデ)	54
オオイタヤメイゲツ	47
オオカメノキ (→ムシカリ)	77
オオナラ (→ミズナラ)	19
オオバアサガラ	15
オオバミネカエデ	48
オオバヤナギ	15
オオムラサキ (→ヒラドツツジ)	72
オオモミジ	45
オオヤマザクラ	32
オガラバナ	49
オトコヨウゾメ	76
オニイタヤ (→イタヤカエデ)	54
オニモミジ (→カジカエデ)	55
オノオレカンバ	17

● カ行 ●

カイノキ (→ランシンボク)	43
カエデ類	44〜57
カキノキ	75
カクレミノ	25
カジカエデ	55
カシワ	20
カスミザクラ	32
カツラ	28
カナクギノキ	26
ガマズミ	76
カマツカ	36
カラコギカエデ	52
カラマツ	15
キイチゴ類	37
キブシ	65
ギョウジャノミズ (→サンカクヅル)	63
クスノキ	26
クヌギ	20
クマシデ	16

クマノミズキ	67
クリ	20
クロマメノキ	73
クロモジ	26
クロヤマナラシ(→セイヨウハコヤナギ)	16
クワ類	23
ケクロモジ	26
ケヤキ	22
コアジサイ	31
コウゾ	23
コシアブラ	68
コナラ	19
コハウチワカエデ	47
コバノガマズミ	76
コバノミツバツツジ	71
コブシ	24
コマユミ(→ニシキギ)	61
コミネカエデ	48
コムラサキ	75
ゴンズイ	61
ゴンゼツ(→コシアブラ)	68

● サ行 ●

サクラ類	32〜33
サラサドウダン	74
サルスベリ	65
サンカクヅル	63
シウリザクラ	33
シデ類	16
シナノキ	64
シナマンサク	29
シャラノキ(→ナツツバキ)	27
シラカバ	17
シラカンバ(→シラカバ)	17
シラキ	39
シロドウダン	74
シロモジ	25
スズカケノキ(→モミジバスズカケノキ)	29
スノキ	73
セイヨウハコヤナギ	16
センノキ(→ハリギリ)	70
ソメイヨシノ	32

● タ行 ●

タイワンフウ(→フウ)	30
タカオモミジ(→イロハモミジ)	44
タカトウダイ	38
タカネザクラ	33
タカネナナカマド	35
タカノツメ	69
ダケカンバ	17
タラノキ	69
ダンコウバイ	25
チドリノキ	57
チングルマ	73
ツキ(→ケヤキ)	22
ツタ	62
ツタウルシ	43
ツツジ類	71〜74
ツリバナ	60
ツルウメモドキ	59
テツカエデ	51
トウカエデ	52
ドウダンツツジ	74
トチノキ	58

● ナ行 ●

ナツヅタ(→ツタ)	62
ナツツバキ	27
ナツハゼ	72
ナナカマド	34
ナラ類	19〜20
ナンキンハゼ	38
ナンゴクミネカエデ	48
ナンテン	26
ニガイチゴ	37
ニシキウツギ	77
ニシキギ	61
ニセアカシア	37
ニレ類	21
ヌルデ	42
ネコシデ	17
ネジキ	71
ノダフジ(→フジ)	37

● ハ行 ●

ハウチワカエデ	46
ハギ類	37
ハクモクレン	24
ハゼノキ	40
ハナノキ	53
ハナミズキ	66
ハリギリ	70
ハルニレ	21
ヒトツバカエデ	57
ヒナウチワカエデ	47
ヒメコウゾ	23
ヒメシャラ	27
ヒャクジツコウ (→サルスベリ)	65
ヒラドツツジ	72
フウ	30
フジ	37
フシノキ (→ヌルデ)	42
フジマツ (→カラマツ)	15
ブナ	18
プラタナス (→モミジバスズカケノキ)	29
ブルーベリー	73
ベニドウダン	74
ホソエカエデ	51
ポプラ (→セイヨウハコヤナギ)	16

● マ行 ●

マユミ	60
マルバウツギ	31
マンサク	29
ミズキ	67
ミズナラ	19
ミズメ	17
ミツデカエデ	55
ミツバツツジ	71
ミネカエデ	48
ミネザクラ (→タカネザクラ)	33
ミヤマガマズミ	76
ミヤマニガイチゴ	37
ミヤマハンノキ	15
ミヤマホツツジ	73
ムクノキ	22
ムクロジ	58
ムシカリ	77
ムラサキシキブ	75
メイゲツカエデ (→ハウチワカエデ)	46
メグスリノキ	56
メタセコイア	14
メダラ (→タラノキ)	69
モトゲイタヤ (→イタヤカエデ)	54
モミジ類	44〜45
モミジバスズカケノキ	29
モミジバフウ	30

● ヤ行 ●

ヤシャブシ	15
ヤマウルシ	41
ヤマコウバシ	27
ヤマザクラ	32
ヤマシバカエデ (→チドリノキ)	57
ヤマツツジ	72
ヤマハゼ	40
ヤマハンノキ	15
ヤマフジ	37
ヤマブドウ	63
ヤマボウシ	67
ヤマモミジ	45
ユリノキ	24

● ラ行 ●

ラクウショウ	14
ランシンボク	43
リュウキュウハゼ (→ハゼノキ)	40
リョウブ	70